PHIL-HO.

Les Hommes-Oiseaux et le Circuit de l'Est

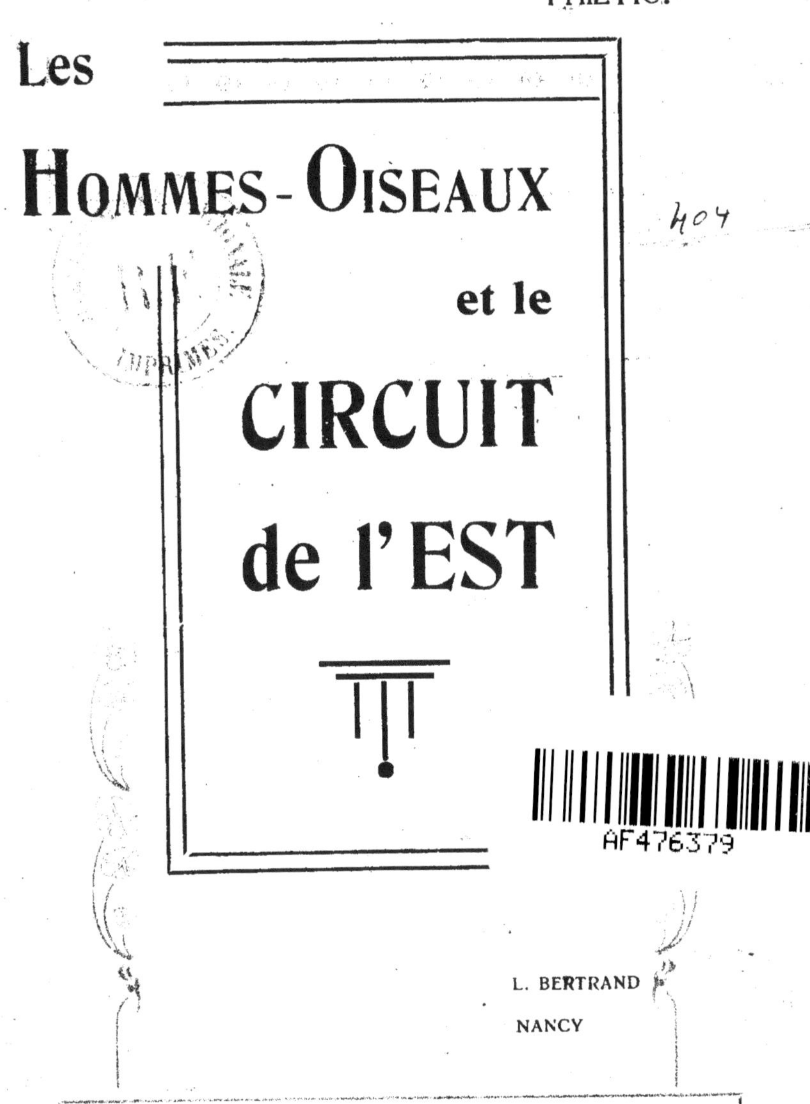

L. BERTRAND
NANCY

PRIX : 0.50

Les

Hommes-Oiseaux

et le

Circuit de l'Est

LE CIRCUIT DE L'EST

Le Circuit de l'Est consiste en une course d'aéroplanes entre sept villes : Paris, Troyes, Nancy, Mézières-Charleville, Douai, Amiens et Paris. Cette épreuve est dotée d'un prix de **100.000 francs** par le journal *le Matin.*

Un comité d'organisation a été créé, à Paris, qui a indiqué les mesures générales à prendre, mais *Le Matin* a laissé gracieusement toute liberté, aux bonnes villes du Circuit, pour faire les dépenses nécessaires à l'aménagement d'aérodromes provisoires et de hangars destinés à abriter les aviateurs.

Organisation de la route.

Il semble bien, d'après le règlement, que les aviateurs soient libres de leur route ; cependant le Comité d'organisation central a cru devoir en demander le jalonnement. Celui-ci est opéré au moyen de grands drapeaux blancs, portant à leur partie inférieure une bande rouge. Sur une partie de la route Troyes-Nancy et Nancy-Mézières seront, en outre, apposés de chaque côté de cette ligne de drapeaux, une série de ballons rouges ou bleus suivant le côté auxquels ils sont affectés. De cette façon un aviateur, déviant de sa route, aurait beaucoup de chances de rencontrer, soit un ballon bleu, soit un ballon rouge, qui lui indiqueraient de quel côté il doit diriger son appareil pour retrouver la ligne des drapeaux blancs.

L'avantage principal du jalonnement consiste dans la possibilité pour les aviateurs de trouver, à l'atterrissage sur les routes jalonnées, des secours de toutes natures, soit pour le ravitaillement en essence et en eau, soit pour les soins médicaux.

Chacune des portions de la route a été, en effet, subdivisée par le Comité de Nancy en zones de huit à douze kilomètres surveillées par une voiture automobile portant un médecin et accompagnée de cyclistes susceptibles d'aller chercher rapidement du secours.

EXTRAIT DU RÈGLEMENT DU CONCOURS

ARTICLE PREMIER. — Le Circuit aéronautique de l'Est se disputera sur les étapes suivantes :

Paris-Troyes, compté pour 135 kilomètres ;
Troyes-Nancy, compté pour 160 kilomètres ;
Nancy-Mézières-Charleville, compté pour 160 kilomètres ;
Mézières Charleville-Douai, compté pour 139 kilomètres ;
Douai-Amiens, compté pour 78 kilomètres ;
Soit six étapes d'ensemble **782** kilomètres environ.

ART. 2. — L'épreuve sera disputée suivant le présent règlement et sous les règlements généraux de la Commission sportive aéronautique et de la Fédération aéronautique intertionale, seuls applicables en cas d'omission ou de contestations.

Départ.

ART. 3. — Le premier départ, obligatoire pour tous les concurrents, sera donné à Paris le 7 août, à partir de 5 heures du matin. Le dernier départ aura lieu au plus tard à 5 heures et demie du soir. De 5 à 10 heures du matin, le départ sera donné aux concurrents dans l'ordre fixé par un tirage au sort pour la première étape et dans l'ordre d'arrivée pour les autres étapes.

Tout concurrent qui n'aura pas pris le départ 5 minutes après que celui-ci aura été donné, devra évacuer immédiatement la ligne de départ ; il prendra alors rang à la suite des autres.

Après 10 heures du matin, les concurrents pourront partir *ad libitum*, jusqu'à l'heure de la fermeture du contrôle, au moment qui leur paraîtra le plus favorable, après s'être mis d'accord avec les Commissaires ; ils seront considérés comme partis à l'heure fixée par eux.

ART. 4 — Les arrivées à chaque étape, auront lieu sur une ligne très apparente, située en face d'un emplacement où se tiendront les chronométreurs.

La performance ne sera valable que pour les concurrents qui auront franchi cette ligne en plein vol. Les contrôles d'arrivée seront fermés le soir même du départ, à 7 heures et demie.

Escales.

Art. 6. — Les escales, ravitaillements, les remorquages à la vitesse maximum d'un homme au pas, sont autorisés en cours de route.

Les changements d'appareils, pour des appareils identiques, sont autorisés à l'étape. Ces appareils et pièces recevront des commissaires un poinçonnage spécial.

Art. 7. — Les concurrents arrivés au contrôle après 7 heures et demie du soir, heure de fermeture, ou ceux n'ayant pu terminer l'étape, ne figureront pas dans le classement de cette étape, mais ils pourront toujours prendre le départ de l'étape suivante et concourir pour les prix particuliers à chaque étape.

Conditions à remplir pour gagner le prix du "Matin"

Art. 8. — Le concurrent qui, ayant figuré dans le classement de toutes les étapes, aura mis le moindre temps total à franchir le parcours entier, recevra le prix de **100.000 francs** du *Matin*.

Art. 9 — Au cas où aucun concurrent n'aurait rempli les conditions stipulées à l'article 8, le prix de **100.000 francs,** offert par le *Matin,* ne serait pas attribué en entier et le vainqueur de l'épreuve recevrait un prix de **50.000 francs.**

Serait vainqueur de l'épreuve, le concurrent qui aurait parcouru le plus grand nombre d'étapes. Au cas où deux ou plusieurs concurrents auraient parcouru le même nombre d'étapes, le vainqueur serait celui d'entre eux qui aurait parcouru le plus grand nombre de kilomètres comptés par étapes complètes, pour les distances indiquées à l'article premier. Dans le cas où plusieurs concurrents auraient le même nombre de kilomètres, le vainqueur de l'épreuve serait celui ayant effectué le meilleur temps.

Numérotage.

Art. 11. — Chaque appareil devra porter latéralement un numéro vertical très apparent. Ce numéro sera indiqué par le tirage au sort, effectué pour l'ordre de départ de la première étape.

Responsabilité en cas d'accidents.

Art. 14. — Les concurrents devront prendre toutes les précautions nécessaires en ce qui concerne les accidents qui pourraient leur survenir ou qu'ils pourraient causer à des tiers. Le Comité d'organisation dégage complètement sa résponsabilité à cet égard.

Chaque aviateur devra prendre toutes les dispositions nécessaires pour faire garder ses appareils dans les parcs.

Toutefois, une surveillance sera cependant exercée par les préposés des villes auprès desquelles les parcs seront établis,

LES ENGAGÉS ET LE NUMÉROTAGE

- - - - - DES APPAREILS - - - - -

Le 16 juillet dernier, fut effectué le tirage au sort affectant chaque appareil d'un numéro qui devait être en même temps celui de l'ordre du départ.

Voici les résultats qu'a donné cette opération :

1. **Nieuport I** (biplan Farman).
2. **L. Bréguet** (biplan Bréguet).
3. **Robert Martinet** (biplan Farman).
4. **De Baeder** (biplan H. Farman).
5. **Hubert Latham** (monoplan Antoinette).
6. **Champel** (biplan Voisin).
7. **Nieuport II** (monoplan).
8. **Nieuport III** (monoplan).
9. **Emile Aubrun** (monoplan Blériot).
10. **Voisin III** (biplan).
11. **Labouchère** (monoplan Antoinette).
12. **Métrot** (biplan Voisin).
13. **Savary I** (biplan).
14. **Bathiat** (biplan Bréguet).
15. **Efimoff** (biplan Sommer).
16. **Bielovucci** (biplan Voisin).
17. **Avia** (biplan).
18. **Edouard Château** (monoplan Tellier).
19. **Morane** (monoplan Blériot).
20. **Kuller** (monoplan Antoinette).
21. **Legagneux** (biplan Sommer)
22. **Alfred Leblanc** (monoplan Blériot).
23. **A. Noël** (monoplan Blériot).
24. **Wagner** (monoplan Hanriot).
25. **Roger Sommer** (biplan Sommer).
26. **Weyman** (biplan Farman).
27. **Savary II** (biplan).
28. **Guillaume Busson** (monoplan Blériot).
29. **Rigal** (biplan Sommer).
30. **Daillens** (biplan Sommer).
31. **Pishoff** (monoplan de Pishoff).
32. **Vallon** (biplan Sommer).
33. **Laindpaintner** (biplan Sommer).
34. **Audemars** (Demoiselle Santos-Dumont).
35. **Simon** (monoplan Blériot).

PRIX ET RÈGLEMENTS PARTICULIERS DES VILLES

Dans chacune des villes où une journée d'aviation aura lieu, des Comités locaux, sous l'égide de la Ligue aérienne ou de l'Aéro-Club, se sont constitués, qui ont réuni un fonds de garantie destiné à assurer aux aviateurs une somme minima de prix et à organiser des champs d'atterrissage et des abris. C'est ainsi qu'à Troyes, Mézières-Charleville, Douai et Amiens, 20.000 francs seront mis à la disposition des aéroplanistes.

A Nancy, où les choses ont été faites grandement, c'est **40.000 francs** qui seront distribués. En dehors de ces prix créés par les villes, nous citerons une somme de 5.000 francs due à la générosité de M. Deutsch de la Meurthe et qui viendra récompenser le premier aviateur arrivé à Nancy et ayant accompli sans défaillance le trajet depuis Paris.

Les sommes consacrées par chaque ville, en prix aux aviateurs, sont subdivisées en deux parties : l'une dite *prix d'étapes* est destinée à récompenser le premier aviateur arrivé ayant accompli une étape déterminée, l'autre sera distribuée aux aviateurs qui consentiront à voler dans la journée réservée à chaque ville.

Les prix seront courus conformément aux règles de la Commission internationale aéronautique.

Il est simplement regrettable que chaque ville ne se soit pas assurée dans son contrat avec *Le Matin* un minimum d'aviateurs, les prix pouvant se trouver à la disposition d'un nombre très restreint d'entr'eux. Il faut espérer, cependant, que ceux-ci n'abuseront pas de la situation et que, reconnaissants de l'effort énorme accompli par les différentes villes du Circuit, ils auront à cœur de montrer de quoi nos hommes-oiseaux sont capables à l'heure actuelle.

LES PRIX A COURIR A NANCY

Le mardi dans la soirée, jour de l'arrivée de Troyes, un prix sera décerné à l'aviateur accomplissant le plus long vol sans escales.

C'est le mercredi, 10 août, que seront courues les épreuves les plus importantes. Elles ont été distribuées, de la façon suivante :

Le matin : prix de la totalisation des distances accordé à l'aviateur ayant parcouru la plus longue distance dans la matinée.

De 1 heure à 2 heures de l'après-midi : *Prix de lancement* (**1.000** francs) à l'appareil qui prendra son essor après avoir parcouru, sur le sol, un espace minimum. Ce prix met en valeur l'habileté des aviateurs, le minimum de résistance à l'avancement de l'appareil et les qualités de l'hélice. Il est fonction de la puissance du moteur.

De 2 heures à 3 h. : *Prix des Passagers*, (**1.000** fr.) à l'appareil emportant le plus grand nombre de voyageurs et restant dans l'air le plus longtemps. Ce prix met surtout en valeur les *qualités sustentatrices*, c'est-à-dire le poids emporté par mètre carré de toile, mais les qualités de l'hélice et du moteur interviennent aussi grandement.

De 3 heures à 4 heures seront courus deux *prix de vitesse*, respectivement de **3.000** et **1.000** francs qui récompenseront l'appareil parcourant une distance donnée dans un minimum de temps. On sait qu'à l'heure actuelle le record de la vitesse sur toutes les distances est détenu par le monoplan « Blériot » de Morane, pourvu d'un moteur rotatif « Gnôme » de 100 chevaux et qui a réussi à faire 106 kilomètres à l'heure, parcourant 20 kilomètres en 12 m. 45 s. 3/5, 10 kilomètres en 5 m. 42 s. 2/5 et 5 kilomètres en 3 m. 15 s., au dernier meeting de la Champagne (Bétheny-Reims).

De 4 heures à 5 h. 1/2 : *Course de Jarville à la Frontière*, avec atterrissage à Moncel, et retour sur Jarville. Cette course est dotée de trois prix : **4.000**, **2.000** et **1.000** francs.

De 5 h. 1/2 à 6 h. 1/2 aura lieu un *Concours de hauteur* avec deux prix, **5.000** et **2.000 francs**, à l'appareil qui s'élèvera à la plus grande hauteur.

Récemment le record en a été porté à 1.800 mètres, mais il ne faut pas espérer voir mieux à Nancy. C'est ainsi qu'à Reims, Latham sur « Antoinette », n'a pu parvenir à dépasser 1.384 mètres et Chavez sur « Blériot », 1.150 mètres. Il est vraisemblable que Morane sur « Blériot » pourra aussi jouer dans ce prix un rôle important.

A toutes ces épreuves, il y a lieu de faire un reproche; le temps mis à la disposition des aviateurs, en présence du grand nombre de prix mis en compétition semblant réellement trop faible pour leur permettre de faire des randonnées intéressantes. De plus, on leur imposera une fatigue et un surmenage qui nous semblent bien excessifs.

L'AÉRODROME DE NANCY

Aménagement.

L'Aérodrome, proprement dit (l'Hippodrome de Jarville), ne sera accessible, pour les voitures et automobiles, que par un seul chemin, la route stratégique qui partant de Jarville, traverse le pont du canal à l'écluse et se dirige ensuite par les ponts militaires de la Californie vers la ferme Sainte-Marguerite. Toutes les routes aboutissant à cette plaine, y compris les chemins de halage et de contre-halage du canal seront barrés et gardés militairement. L'accès des crassiers sera également interdit.

On se rendra à la tribune du crassier par le pont des hauts-fourneaux de Jarville accessible depuis la route Paris-Strasbourg.

Devant le *pont de l'Écluse* seront installés les *bureaux* distribuant les différentes catégories de *tickets*; de là les *spectateurs* seront dirigés par une passerelle installée le long du pont, vers la plaine et les tribunes, aux différents emplacements indiqués sur le plan joint à cette brochure.

Les guichets seront installés sur la rive gauche de la Meurthe, du côté de Laneuveville, qui donneront l'entrée sur la pelouse à cet endroit.

Les *voitures* seront dirigées soit par le pont sur le *garage*, soit, au cas contraire, vers la route stratégique qu'elles devront évacuer immédiatement.

La circulation ne sera autorisée que dans un *seul séns*, de façon à permettre les mouvements rapides de la foule.

Seuls, les automobiles du Comité et la voiture d'ambulance, auront le droit de circuler *à contre-sens* pour les besoins du service.

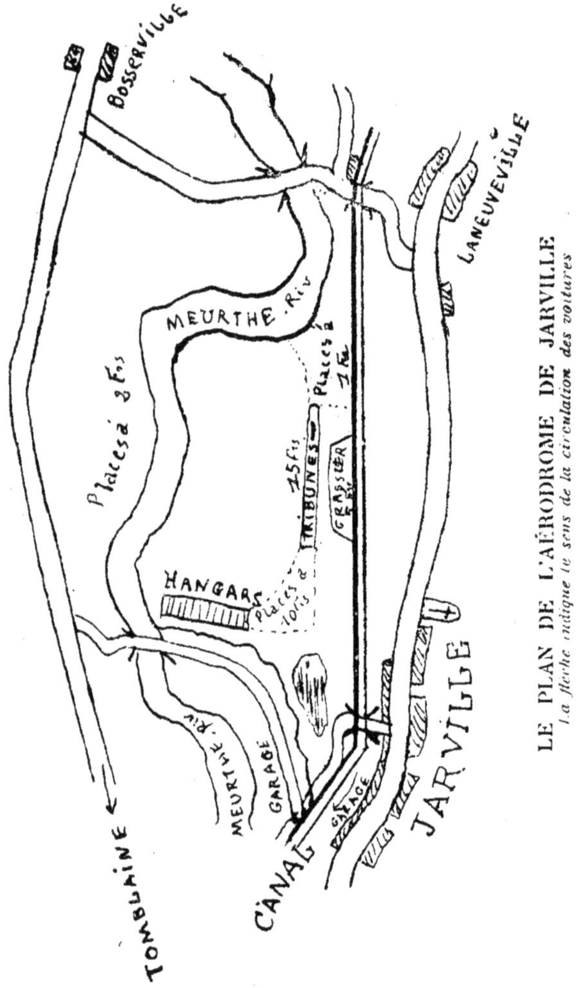

LE PLAN DE L'AÉRODROME DE JARVILLE
La flèche indique le sens de la circulation des voitures

Enfin l'*accès des propriétés* situées entre la route Tomblaine-Bosserville et la Meurthe sera interdit aux personnes non munies de cartes, le *stationnement* sur cette route sera rigoureusement *interdit;* un service de *cavalerie* et de *gendarmerie* assurera l'exécution des dispositions précédentes.

Seuls les *Journalistes* et *Membres du Comité* auront *accès à la piste* à leurs risques et périls. Celle-ci est séparée des hangars par un treillage métallique muni de deux ou plusieurs portes.

Le public sera séparé de la piste par un premier grillage, en avant duquel se trouvera un barrage en fils de fer, destiné à arrêter un appareil dont l'aviateur ne serait plus maître. L'espace entre les deux barrages sera interdit et gardé militairement.

Le prix des billets.

	1 jour	3 jours	Prix réduit
Tribunes....	**15** fr.	**30** fr.	»
Pesage......	**10** »	**20** »	**7** fr.
Crassier.....	**5** »	**10** »	»
Pelouse.....	**1** fr.	»	**0.50**

Terrains à Tomblaine (1 jour), **2** francs.

Réduction: 50 % aux officiers, sous-officiers, soldats et enfants au-dessous de dix ans ; le prix réduit du tableau précédent s'applique aux membres de la Ligue Aérienne, de l'Aéro-Club et de l'Automobile-Club. — Le prix du garage d'automobiles est de **10** francs ; celui du garage de voitures : **5** francs.

CARACTÉRISTIQUES PRINCIPALES DES APPAREILS ENGAGÉS

Monoplan « Nieuport » (Nos 1-7-8). — Monoplan à une place et deux ailes trapézoïdales de 8 mètres d'envergure sur 2 mètres de largeur, soit une surface de 14 mètres carrés pour un poids en ordre de marche de 285 kilogrammes. La longueur de l'appareil est de 7 mètres. Le moteur, placé à l'avant de l'appareil, est soit un « Anzani », 5 cylindres en étoile à ailettes de 50 HP, animant une hélice « Chauvière » de 2^{m},40 de diamètre tournant à 1.200 tours ; soit un « Darracq » à deux cylindres horizontaux de 25 HP, à circulation d'eau, animant une hélice « Chauvière » de 1^{m},10 de diamètre, à 1.800 tours. Gouvernail de profondeur et de direction à l'arrière.

Biplan « **Bréguet** » (N°s 2 et 14). — 2 places : 2 ailes rectangulaires de 12^{m},60 et 9^{m},20 d'envergure sur 1^{m},80 de large, donnant une surface de 37 mq pour un poids en ordre de marche de 300 kilos. Le moteur est à l'arrière des plans porteurs et en avant du pilote; c'est un rotatif « Gnôme », 7 cylindres de 50 HP, animant à 800 tours une hélice « Chauvière », de 2^{m},50 de diamètre. Gouvernail de profondeur et de direction a l'arrière.

Biplan « **Farman** » (N°s 3-4-26). — 2 places : 2 plans porteurs quadrangulaires d'une envergure de 10^{m},50 sur une largeur de 2 mètres, soit une surface portante de 40 mq pour un poids en ordre de marche de 550 kilos. La longueur de l'appareil est de 12 mètres. Moteur « Gnôme » derrière le pilote, gouvernail de profondeur à l'avant, gouvernail de direction à l'arrière. Queue cellulaire stabilisatrice. Type de course: envergure, 8^{m},50 ; surface, 32 mq.; poids, 400 kilos.

Monoplan « **Antoinette** » (N°s 5-11 et 20). — 2 places, 2 ailes trapézoïdales de 15 mètres d'envergure sur une largeur de 3 mètres, soit une surface de 50 mq pour un poids en ordre de marche de 550 kilos. Caractéristique de l'appareil : disposition des deux ailes en V très ouvert. Fuselage de 12 mètres de long. A l'avant moteur « Antoinette », à 8 cylindres en V, 50 HP à circulation d'eau animant une hélice « Antoinette » de 2^{m},20 de diamètre à la vitesse de 1.200 tours par minute. Gouvernail de profondeur et direction à l'arrière.

Biplan Voisin (N°s 6-10-12-16). — 2 places : 2 plans rectangulaires de 11 mètres d'envergure sur 2 mètres de large, soit une surface portante de 40 mq. pour un poids de 300 kilos. L'appareil a 10 mètres de long. Le moteur en arrière du pilote est un « Gnôme » ou un E. N. V. (Metrot). Ce dernier comprend 8 cylindres en V à circulation d'eau fournissant 60 HP et animant une hélice « Chauvière » de $2^{m},70$ de diamètre à 1.200 tours. Stabilisation naturelle par la cellule arrière. Gouvernail de profondeur et de direction à l'avant. Type de course — 2 places — surface 36 mq., envergure 10 mètres, largeur des ailes $1^{m},25$, poids en ordre de marche 400 kilos.

Monoplan Blériot (N°s 9-19-22-23-28-35). — C'est le type XI *bis* dit « Traversée de la Manche ». 1 place, envergure 9 mètres, largeur des ailes en forme de trapèze arrondi aux angles : 2 mètres, surface de 15 mq. pour un poids en ordre de marche de 250 kilos. Moteur « Gnôme » faisant tourner une hélice « Chauvière » à l'avant. Type de course de Morane ayant dépassé 100 kilomètres à l'heure : 12 mètres carrés de surface et un moteur « Gnôme » de 14 cylindres 100 HP.

Biplan Savary (N°s 13 et 27). — 2 places. — 2 plans porteurs rectangulaires d'une envergure de 10 mètres sur une largeur de 2, soit une surface portante de 40 mètres carrés pour un poids en ordre de marche de 460 kilos. Gouvernail de profondeur à l'arrière. Spécialité : possède 2 hélices.

Biplan Sommer (N°s 15-21-25-29-30-32-33). — 2 places, 2 plans porteurs rectangulaires de 10 mètres d'envergure sur $2^{m},50$ de large, soit une surface de 36 mètres carrés pour un poids en ordre de marche de 330 kilos. Moteur « Gnôme » derrière l'aviateur animant une hélice « Chauvière » de $2^{m},70$ de diamètre à 1.100 tours. Gouvernail de profondeur à l'avant, de direction à l'arrière, stabilisation par queue et ailerons.

Monoplan Tellier (N° 18). — Envergure des ailes 11 mètres, largeur 2 mètres, soit une surface portante de 24 mq. pour un poids en ordre de marche de 500 kilos. Moteur « Panhard-Levassor » à l'avant, donnant avec l'hélice « Tellier » 30 HP à 1.000 tours. Gouvernail de profondeur et direction à l'arrière.

Monoplan Hanriot (N° 24). — 2 places. — Ailes trapézoïdales à angle arrondi de 12 mètres d'envergure sur 2 mètres de large, soit une surface de 25 mq. pour un poids en ordre de marche de 400 kilos. Moteur à l'avant.

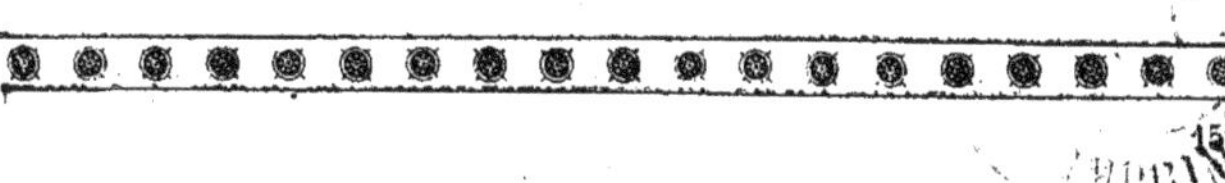

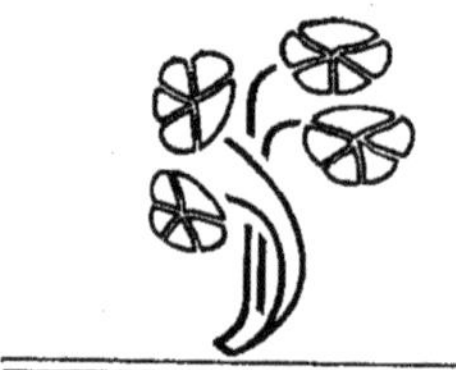

NANCY. — IMP. L. BERTRAND

MAISON

DES

Magasins Réunis

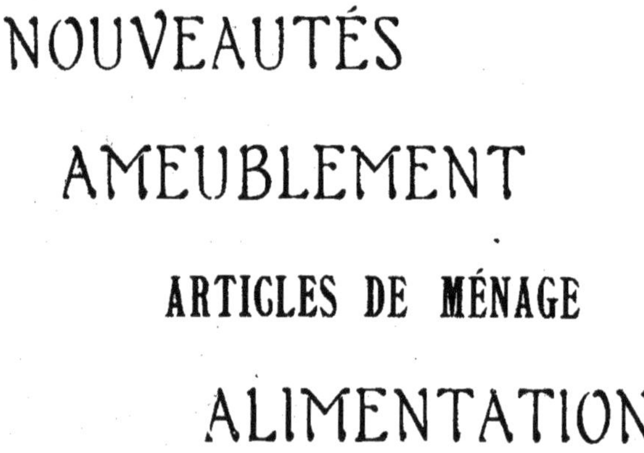

www.ingramcontent.com/pod-product-compliance
Ingram Content Group UK Ltd.
Pitfield, Milton Keynes, MK11 3LW, UK
UKHW020232200726
13856UKWH00004B/1718